公路施工安全教育系列丛书—工种培训口袋书

本书为《公路施工安全视频教程》配套用书

U0862863

焊割工

安全操作手册

广 东 省 交 通 运 输 厅 组织编写

广东省南粤交通投资建设有限公司
中 铁 隧 道 局 集 团 有 限 公 司 主 编

人民交通出版社股份有限公司
China Communications Press Co.,Ltd.

内 容 提 要

本书是《公路施工安全教育系列丛书——工种安全操作》中的一本,是《公路施工安全视频教程》(第五册　工种安全操作)的配套用书。本书主要介绍焊割工安全作业的相关内容,包括:焊割工简介,焊割工岗位职责及安全风险,焊割工基本要求,焊割作业安全控制要点,气瓶着火时应急处置措施等。

本书可供焊割工使用,也可作为相关人员安全学习的参考资料。

图书在版编目(CIP)数据

焊割工安全操作手册/广东省交通运输厅组织编写;广东省南粤交通投资建设有限公司,中铁隧道局集团有限公司主编. — 北京:人民交通出版社股份有限公司,2018.12

ISBN 978-7-114-15043-2

Ⅰ.①焊…　Ⅱ.①广…②广…③中…　Ⅲ.①焊接—安全技术—手册②切割—安全技术—手册　Ⅳ.①TG4-62

中国版本图书馆CIP数据核字(2018)第226238号

Hangegong Anquan Caozuo Shouce

书　　名:焊割工安全操作手册
著 作 者:广东省交通运输厅组织编写
广东省南粤交通投资建设有限公司　中铁隧道局集团有限公司主编
责任编辑:韩亚楠　张征宇
责任校对:宿秀英
责任印制:张　凯
出版发行:人民交通出版社股份有限公司
地　　址:(100011)北京市朝阳区安定门外外馆斜街3号
网　　址:http://www.ccpcl.com.cn
销售电话:(010)59757973
总 经 销:人民交通出版社股份有限公司发行部
经　　销:各地新华书店
印　　刷:北京建宏印刷有限公司
开　　本:880×1230　1/32
印　　张:1.5
字　　数:40千
版　　次:2018年12月　第1版
印　　次:2023年8月　第3次印刷
书　　号:ISBN 978-7-114-15043-2
定　　价:15.00元

编委会名单

EDITORIAL BOARD

《公路施工安全教育系列丛书——工种安全操作》编审委员会

《焊割工安全操作手册》编写人员

编　　写：赵志伟　李　萍　熊祚兵　柳亮亮

校　　核：王立军　刘爱新

版面设计：王珍珍　万雨滴

致工友们的一封信

LETTER

亲爱的工友：

你们好！

为了祖国的交通基础设施建设，你们离开温馨的家园，甚至不远千里来到施工现场，用自己的智慧和汗水将一条条道路、一座座桥梁、一处处隧道从设计蓝图变成了实体工程。你们通过辛勤劳动为祖国修路架桥，为交通强国、民族复兴做出了自己的贡献，同时也用双手为自己创造了美好的生活。在此，衷心感谢你们！

交通建设行业是国家基础性和先导性行业，也是安全生产的高危行业。由于安全意识不够、安全知识不足、防护措施不到位和违章操作等原因，安全事故仍时有发生，令人非常痛心！从事工程施工一线建设，你们的安全牵动着家人的心，牵动着广大交通人的心，更牵动着党中央及各级党委、政府的心。为让工友们增强安全意识，提高安全技能，规范安全操作，降低安全风险，保证生产安全，我们组织开发制作了以动画和视频为主要展现形式的《公路施工安全视频教程》（第五册　工种安全操作），并同步编写了配套的《公路施工安全教育系列丛书——工种安全操作》口袋书。全套视频教程和配套用书梳理、提炼了工种操作与安全生产相关的核心知识和现场安全操作要点，易学易懂，使工友们能知原理、会工艺、懂操作，在工作中做到保护好自己和他人不受伤害。

请工友们珍爱生命，安全生产；祝福你们身体健康，工作愉快，家庭幸福！

广东省交通运输厅

二〇一八年十月

目录

CONTENTS

1 PART 焊割工简介

1.1 焊割工定义

焊割工是焊接与热切割作业人员的简称,是指操作焊接和气割设备,进行金属工件的焊接或切割的人员。

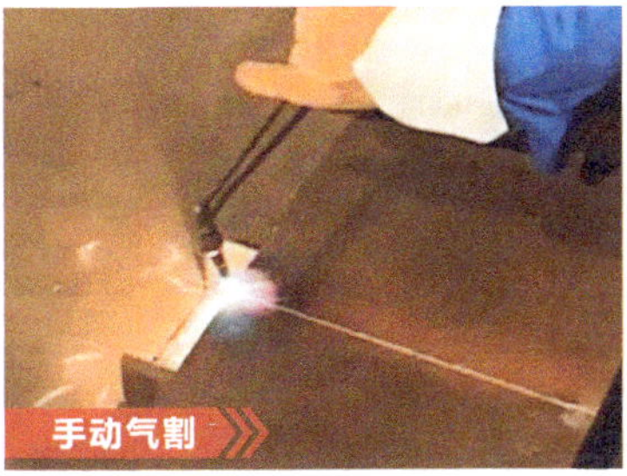

1.2 焊割作业简介

焊接作业分类：

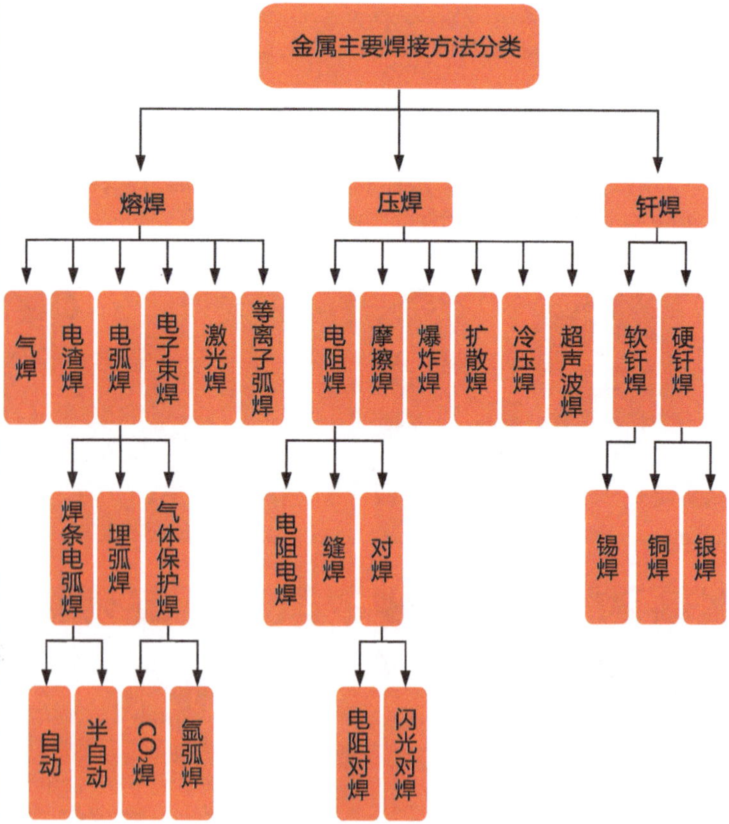

按照焊接过程的特点，分为熔焊、压力焊、钎焊。

常用焊接方法：

公路工程中常用的焊接方法，主要有焊条电弧焊、氩弧焊、二氧化碳保护焊、闪光对焊等。

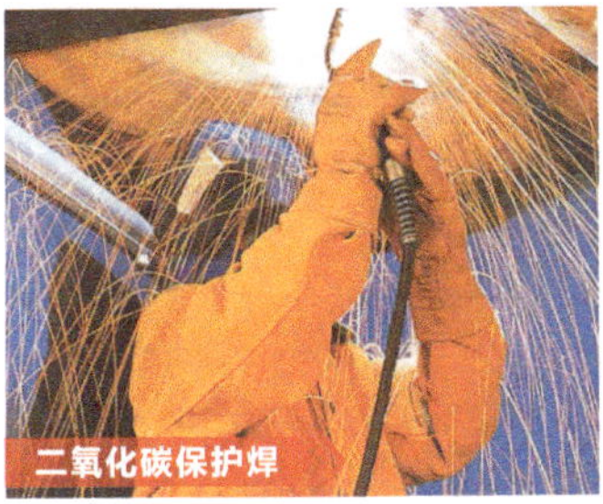

常用电焊机：

常用的电焊机为焊条电弧焊机，主要由机体、电源线、焊把线、搭铁线、焊钳、搭铁夹组成。常用的焊条为 E43 系列及 E50 系列，由焊芯、药皮组成。

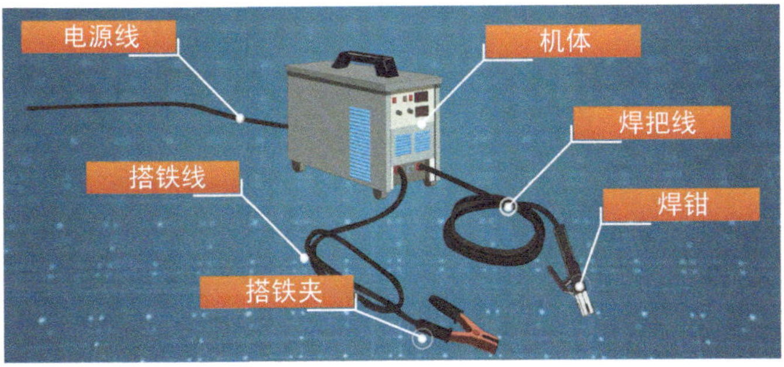

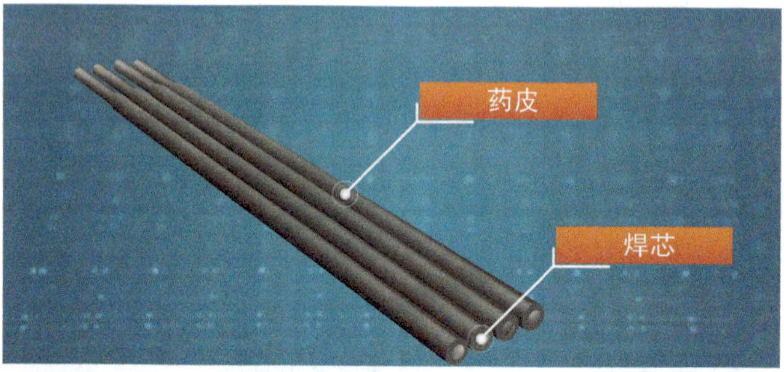

E表示电焊条，50表示熔敷金属的抗拉强度不低于490MPa，适用于Q345级钢

E50型

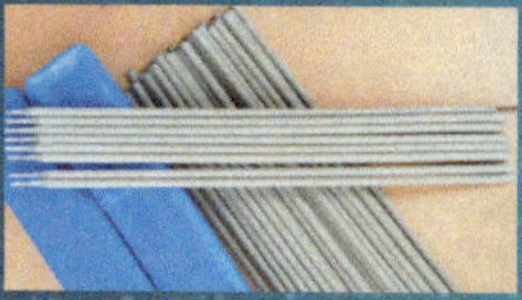

E表示电焊条，43表示熔敷金属的抗拉强度不低于420MPa，适用于Q235级钢

E43型

气割作业分类：

按操作方式，分为自动和手动气割。

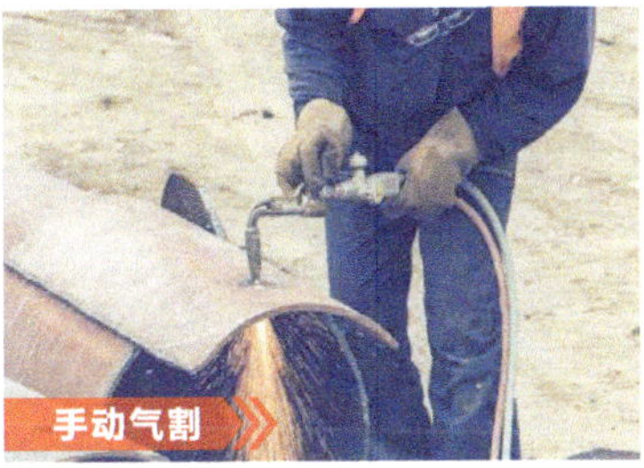

根据选用气体的不同，一般分为氧气乙炔切割、氧气丙烷切割、氧气氢气切割。

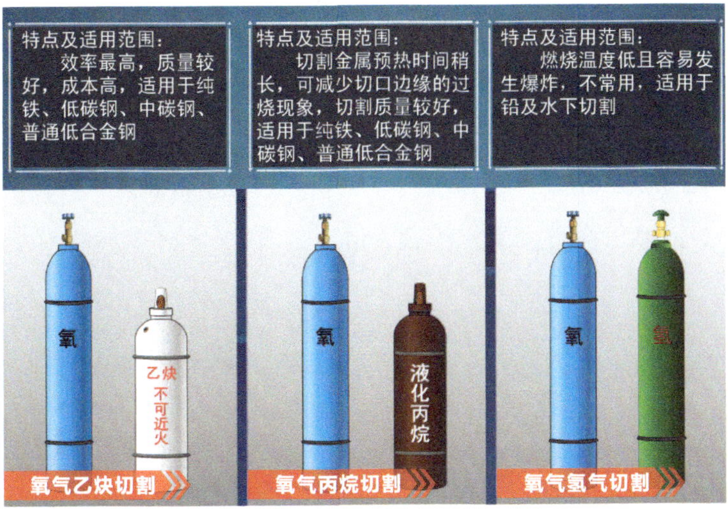

施工中常用手动氧气乙炔气割，其设备主要由气瓶、压力表、连接软管、割炬组成。

2 PART 焊割工岗位职责及安全风险

2.1 焊割工岗位职责

(1)严格执行焊割作业安全操作规程。

(2)根据作业内容及所处作业环境规范佩戴防护用品。

(3)按照技术交底要求规范作业。

（4）遵守项目规章制度，对违章指挥、强令冒险作业有权拒绝，对他人的违章操作要加以劝阻和制止。

(5)做好设备的日常维护。

2.2 焊割作业风险分析

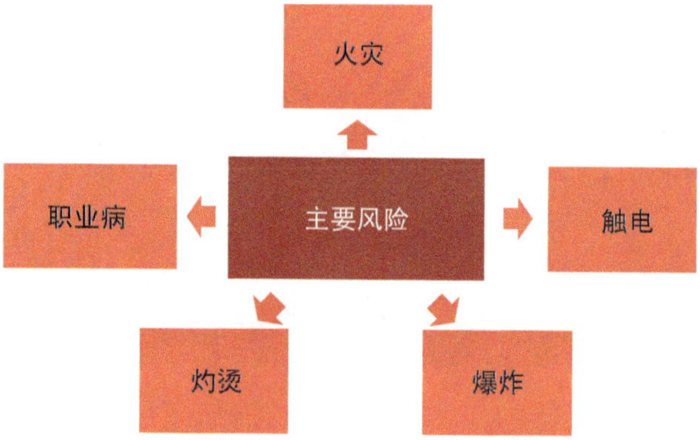

火灾：焊割作业过程中引发的火灾，如隧道焊接防水板着火，模板附近焊接着火。

触电：指人体直接接触电源或电流经过导电介质传递通过人体时引起的事故，如电焊机焊把线破损及漏电。

爆炸：指意外地发生突发性大量能量的释放造成的事故，如气瓶爆炸事故。

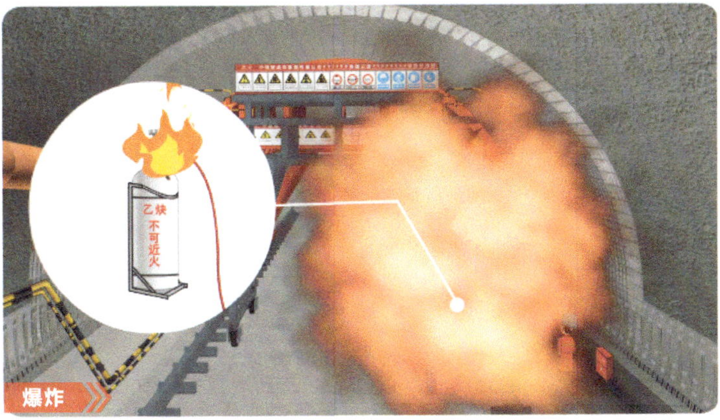

灼烫： 焊割作业过程中对人员造成的烧伤、烫伤事故。

职业病： 指劳动者在职业活动中，因接触粉尘、放射性物质和其他有毒、有害物质等因素而引起的疾病。如尘肺病、有害气体中毒、电光性眼炎、皮炎等。

3 PART 焊割工基本要求

1

•年满18周岁不超过55周岁且身体健康。

2

•必须取得省级住建部门颁发的特种作业操作证，证书有效期为2年。

3

•必须经入场安全教育培训并考试合格后方可上岗。

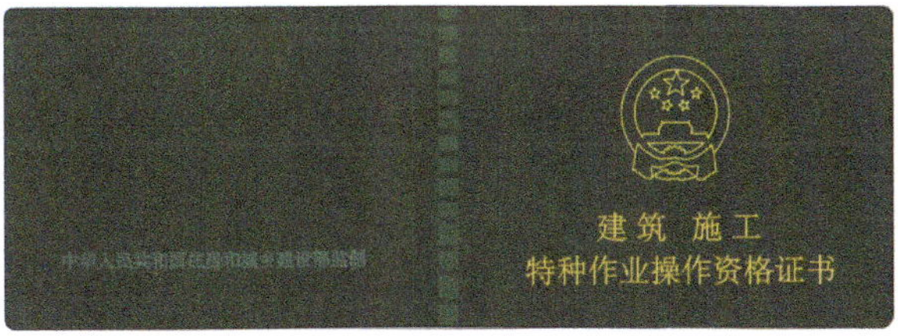

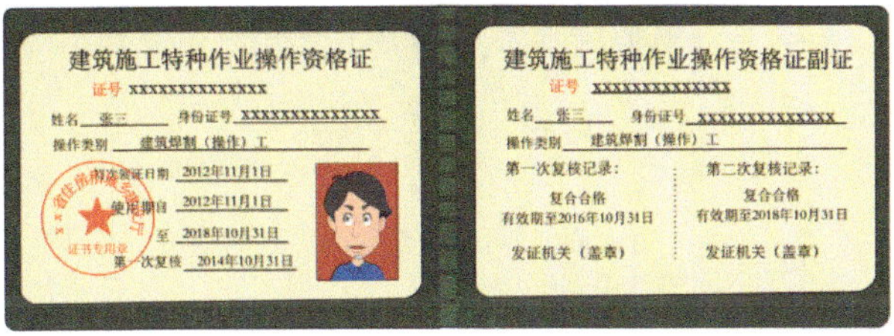

4 PART 焊割作业安全控制要点

4.1 通用安全要求

(1)作业前必须根据动火级别按要求履行审批程序,经批准后方可作业。

动火级别	划分范围	审批要求
一级	凡属下列情况之一的属一级动火: (1)禁火区域内; (2)油罐、油箱、油槽车和储存过可燃气体、易燃液体的容器以及连接在一起的辅助设备; (3)各种受压设备; (4)危险性较大的登高焊、割作业; (5)比较密封的室内、容器内等场所; (6)现场堆有大量可燃和易燃物质的场所	由项目经理填写动火审批表,项目编制安全技术方案,经企业主管领导和安全技术部门共同审批,并报公安消防部门备案或批准后,方可动火
二级	凡属下列情况之一的为二级动火: (1)在具有一定危险因素的非禁火区域进行临时焊、割等用火作业; (2)小型油箱等容器; (3)登高焊、割等用火作业	由施工管理人员提出申请并附安全技术措施方案,报项目主管安全领导(安全总监)审批后,方可动火
三级	在非固定的、无明显危险因素的场所进行用火作业	由所在班组长在动火前提出申请,报项目安全部门批准后方可动火

(2)焊接作业点必须配备足够的消防器材。

(3)焊接储存过易燃、易爆、有毒物品的容器或管道时,必须将残留物或气体吹扫干净并经有效通风,检测合格后方可作业。

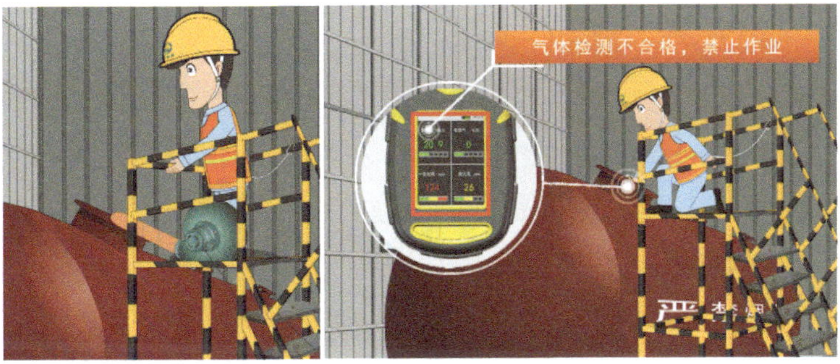

（4）室内焊割作业时应戴防毒口罩，保持通风良好，必要时安装除烟设备。

（5）高处焊割作业时，焊割机具及材料规范放置，应佩戴阻燃安全带，下方设置接火盘，地面必须有人监护。

(6)进入有限空间作业前必须办理作业许可证,气体检测合格后方可入内,作业过程中保持通风良好,穿戴好防护用品,且必须专人监护。

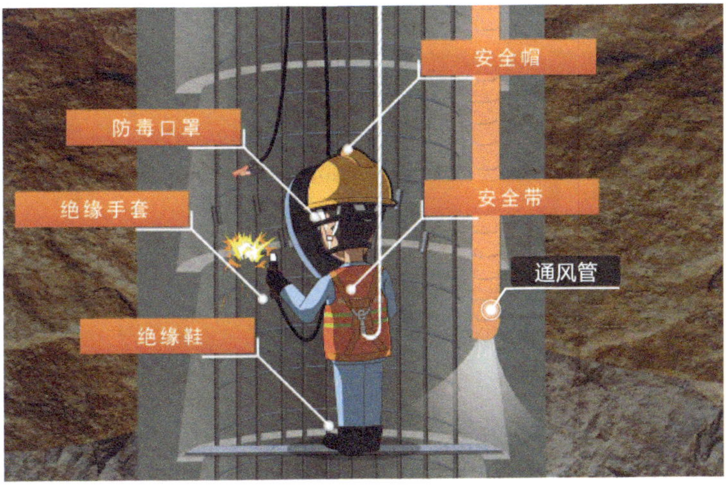

(7)雨雪天和风力大于等于5级时须停止室外焊割作业，雷雨天禁止焊割作业。

4.2 电焊作业安全要点

(1)作业前应对焊机接线及作业环境等情况进行安全确认。

(2)每台电焊机应设有单独的开关,交流焊机必须设置二次降压保护器,接线、拆线及其他电路故障由专职电工操作。

（3）电焊机外壳必须有效接地，导线和接地线不得搭在易燃、易爆物品上；不得利用建筑物的金属结构、管道、轨道或其他金属物体搭接起来形成焊接回路。

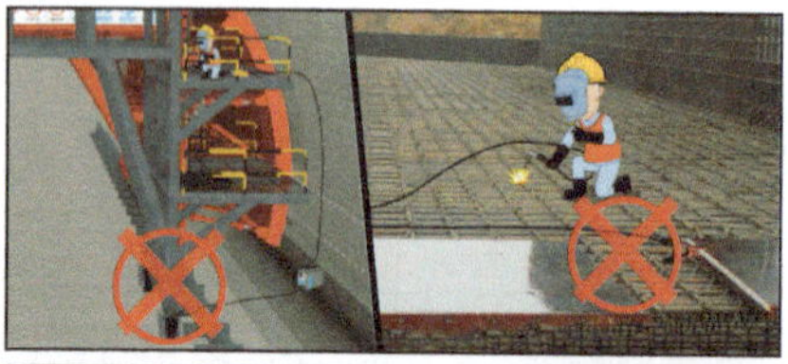

（4）电焊钳握柄必须绝缘良好，与导线接触良好、连接牢靠，不得用胳膊夹持电焊钳，也不得在水中冷却电焊钳。

(5)电焊机一次电源线长度不大于5m,二次线电缆长度不大于30m,进出线处设置防护罩。

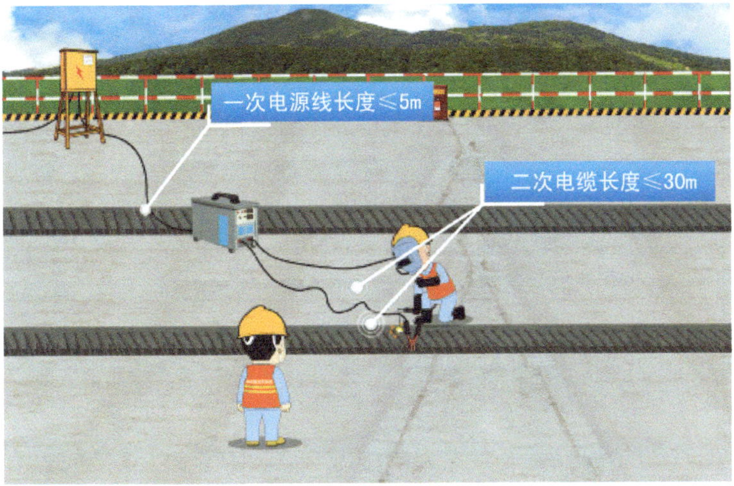

进线防护罩

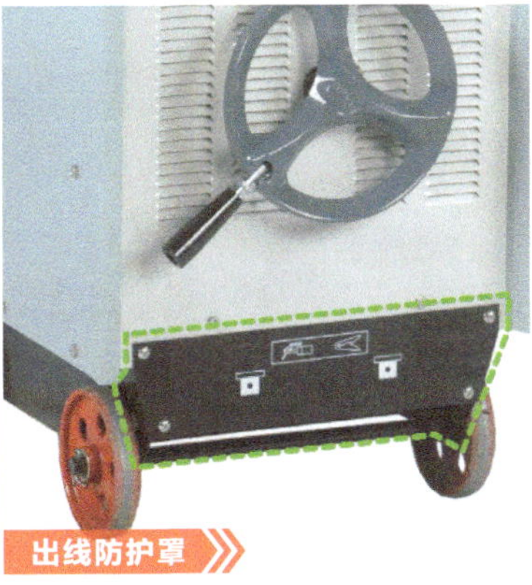
出线防护罩

(6)焊把线在使用过程中严禁乱拉乱放,过路的电缆线必须采取有效的防碾压措施。

(7)尽量避免多名焊工集中施焊,集中施焊时焊工间要有隔光措施。

(8)焊接作业完毕后切断电源，将现场的焊渣、焊条头等杂物及时清理，将焊机线路盘放整齐；对作业点进行安全检查，确认无起火隐患后方可离开。

4.3 焊割作业安全要点

(1)气瓶使用前应对外观质量及安全防护设施进行检查验收。

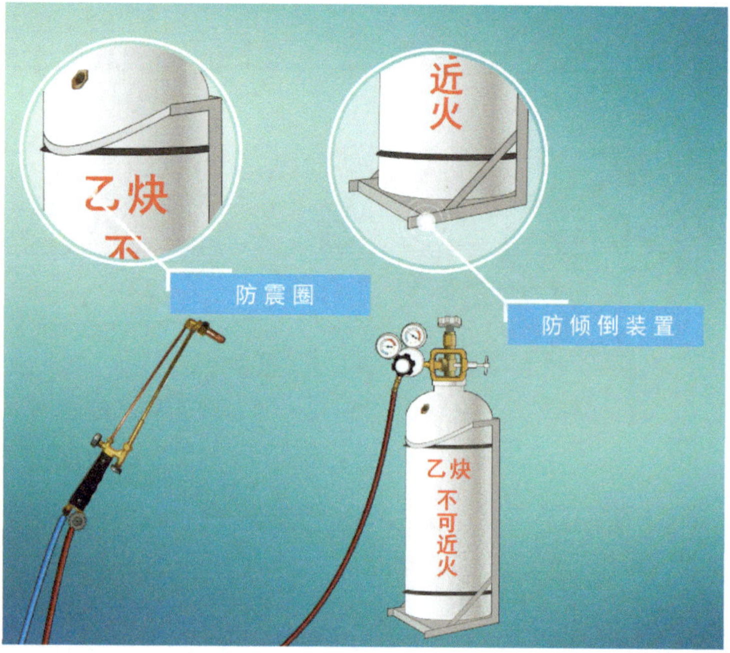

(2)气瓶储存室不得设在地下室，和办公区、生活区保持10m以上安全距离；储存场所15m范围内禁止从事明火和生成火花的工作且不得堆放易燃易爆物品。

（3）作业点乙炔瓶存放不得超过 5 瓶；储存量超过 5 瓶应设置单独的储存间，储存数量不得超过 40 瓶；气瓶在储存间应直立放置，用栏杆或支架固定；严禁乙炔瓶与氧气瓶等其他气瓶同室存放。

(4)严禁将氧气瓶和乙炔瓶及易燃易爆物品同车混装运输。

(5)瓶体搬运时必须拧紧保险帽，不得将保险帽当手把抬运，现场运输时应使用专用小推车，严禁抛掷、拖动、滚动气瓶。

（6）工作前应检查减压表、胶管、接头、割炬、回火阀是否完好，紧固件是否松动；气瓶、阀门、割炬、胶管等均不得沾污油脂。

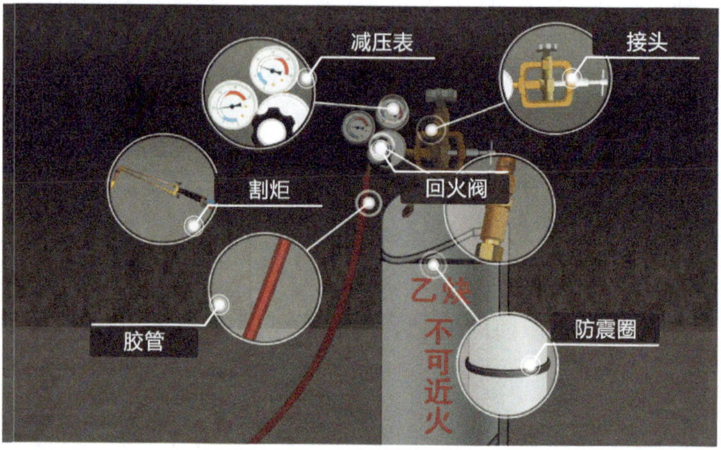

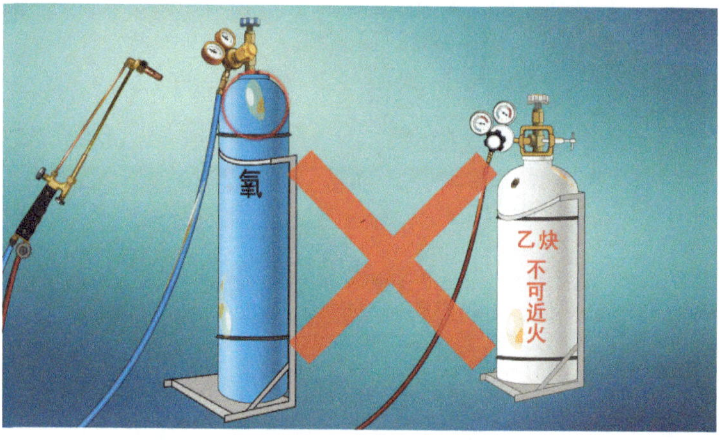

(7)开启阀门时，操作者应站在阀门的侧后方，动作轻缓。

(8)割炬点火前应用氧气吹风，发现异常严禁点火；点燃割炬时，应先开乙炔阀点火，再开氧气阀调整火。关闭时，应先关闭乙炔阀，再关闭氧气阀。

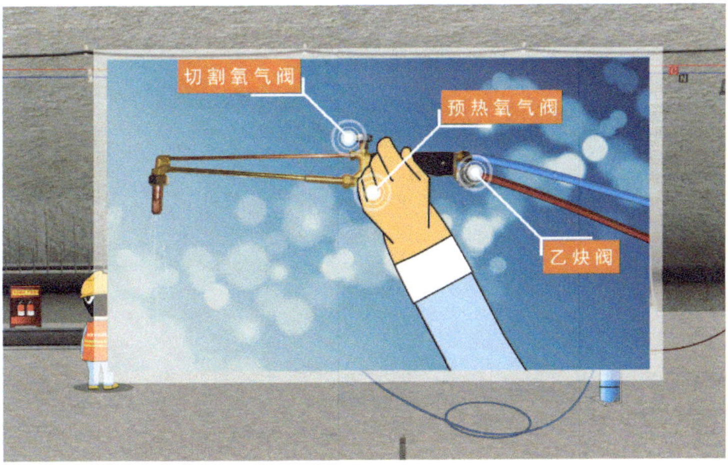

(9)作业时氧气瓶与乙炔瓶间距必须大于5m,瓶体距离动火作业点必须大于10m,气瓶应设置防晒、防雨淋措施,环境温度≤40℃。

(10)瓶阀和管道被冻结时,应用<40℃热水解冻,严禁用火烘烤或者敲击。

(11)氧气和乙炔气管不能对调,当发现气管漏气时,应及时停火处理。

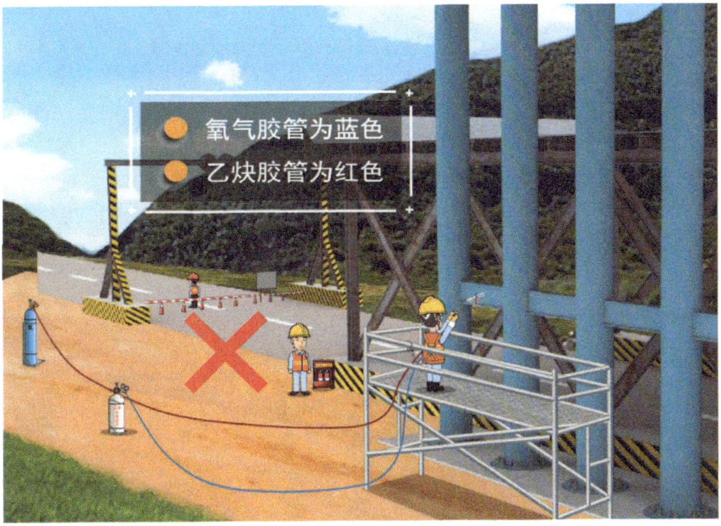

（12）当割炬发生回火时，应立即关闭乙炔阀，然后关闭氧气阀。回火熄灭后，将割炬放入水中冷却或待割炬自然冷却后，打开氧气阀吹扫割炬内的烟灰，查出回火原因并解决后再点火使用。

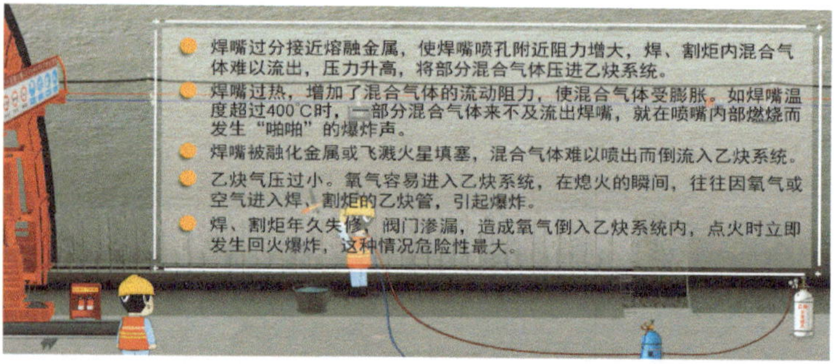

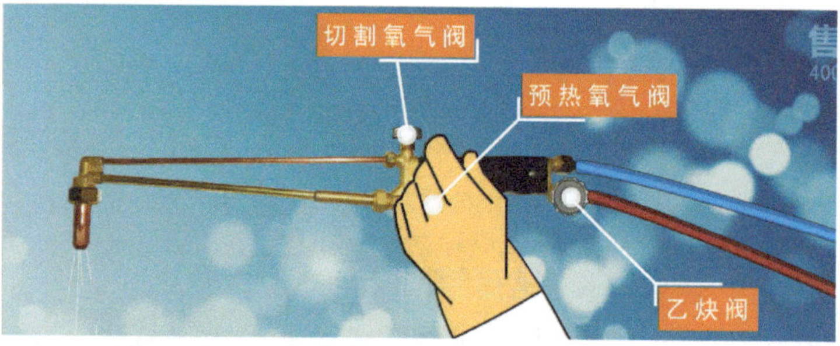

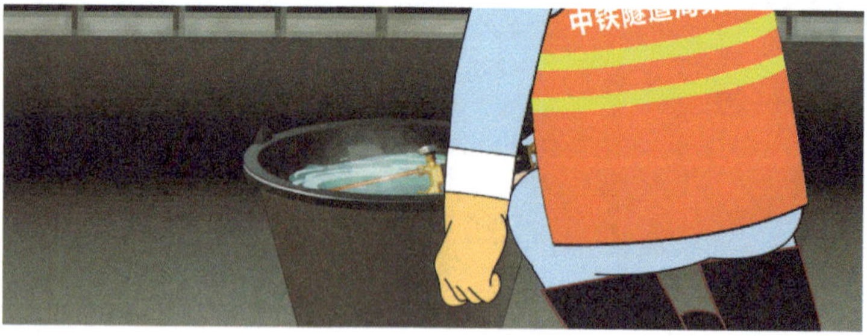

(13)氧气瓶内气体不得用完,剩余气体压力不低于0.1MPa。

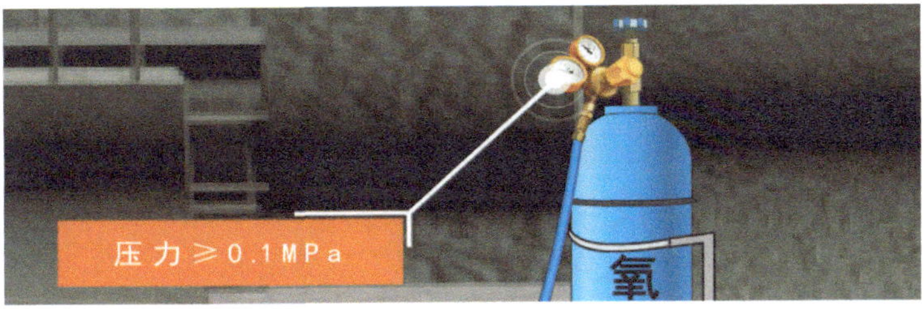

(14)作业结束后关好割炬阀门、气瓶阀门,拆除软管,安装安全帽,将气瓶运送至储存间。

5 PART 气瓶着火时应急处置措施

由于紧固件连接不牢固、乙炔瓶无回火阀、瓶体附近有明火等导致乙炔瓶着火，现场应采取以下处置措施。

火势较小时，先用手裹湿毛巾关闭气瓶阀门，然后用水、干粉灭火器、浸水石棉等灭火。

若火势较强、从易熔塞处喷出火焰、关闭瓶阀不能熄火时，则用湿石棉布蒙盖在气瓶上，使用灭火器将火熄灭，同时清理周围易燃物，并使用雾状水驱散泄漏气体；若气瓶在室内，将火熄灭后立即将气瓶转移至室外。

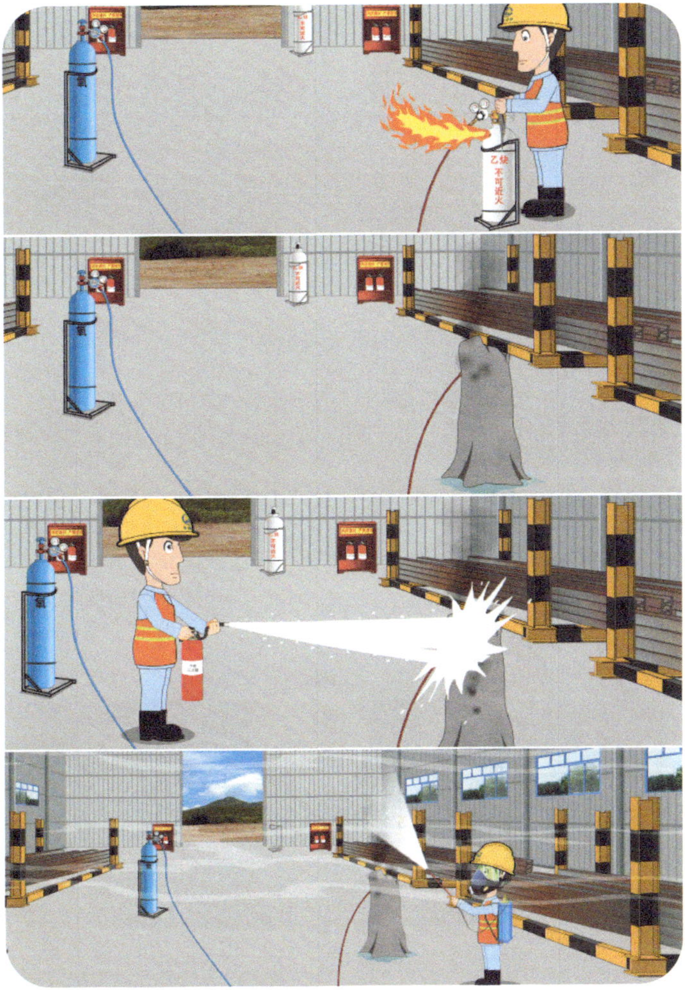

若火势太大无法控制或气瓶有爆炸危险时，人员应及时撤离现场并拨打火警电话。

焊割工安全口诀

焊割之前要检查　火灾爆炸很可怕

防护用品必须戴　搭设过程设监护

雷雨大风不得焊　工完料清要断电

容器管道很危险　气体检测须在先

气瓶搬运要轻拿　安装回火减压阀

气瓶访问防倾倒　安全距离要牢记

廣州大典研究

STUDIES ON GUANGZHOU ENCYCLOPEDIA

二〇二四年第一辑　总第十三辑

主编　刘平清

广州大典研究中心
暨南大学中华文化港澳台及海外传承传播协同创新中心
合办

国家图书馆出版社

图书在版编目（CIP）数据

广州大典研究 . 2024 年 . 第 1 辑 ：总第 13 辑 / 刘平清主编 . -- 北京 ：国家图书馆出版社，2024. 8.

ISBN 978-7-5013-8179-1

Ⅰ . K296.51

中国国家版本馆 CIP 数据核字第 2024FY8374 号

书　　名　广州大典研究（2024 年第 1 辑　总第 13 辑）
著　　者　刘平清　主编
责任编辑　陈　卓
封面设计　程言工作室

出版发行　国家图书馆出版社（北京市西城区文津街 7 号　100034）
（原书目文献出版社　北京图书馆出版社）
010-66114536　63802249　nlcpress@nlc.cn（邮购）
网　　址　http：//www.nlcpress.com
排　　版　九章文化
印　　装　北京金康利印刷有限公司
版次印次　2024 年 9 月第 1 版　2024 年 9 月第 1 次印刷

开　　本　710 × 1000　1/16
印　　张　20.5
字　　数　325 千字
书　　号　ISBN 978-7-5013-8179-1
定　　价　88.00 元